V 700.
P.

3944.

DESCRIPTIONS

DES ARTS

ET MÉTIERS.

DESCRIPTIONS
DES ARTS
ET MÉTIERS,

FAITES OU APPROUVÉES

PAR MESSIEURS

DE L'ACADÉMIE ROYALE
DES SCIENCES.

AVEC FIGURES EN TAILLE-DOUCE.

A PARIS,

Chez { **SAILLANT & NYON**, rue S. Jean de Beauvais;
DESAINT, rue du Foin Saint Jacques.

M. DCC. LXI.

Avec Approbation & Privilége du Roi.

L'ART

DE FAIRE DIFFÉRENTES SORTES

DE COLLES.

Par M. Duhamel du Monceau,
de l'Académie Royale des Sciences.

M. DCC. LXXI.

L'ART
DE FAIRE DIFFÉRENTES SORTES
DE COLLES.

Par M. Duhamel du Monceau,
de l'Académie Royale des Sciences. *

En général on appelle *Colle* des substances tenaces & gluantes qui servent à unir plusieurs choses ensemble, ou à donner de la fermeté à certains tissus. Il y en a de molles, qui peuvent être employées en cet état ; d'autres sont séches, ou plus ou moins épaisses ; mais elles doivent être capables de s'attendrir, & de se fondre dans des liqueurs. Comme dans cet état elles sont plus ou moins gluantes ou visqueuses, on peut en étendre des couches minces sur différents corps auxquels elles adhérent ; quand elles se sont desséchées, la colle prend de la dureté, & elle unit si bien les uns aux autres les corps qui en ont été enduits, qu'ils se romproient plutôt que de se séparer.

Suivant cette définition, on pourroit comprendre dans les Colles plusieurs especes de Mastics qu'on emploie à chaud ou à froid. Cependant nous n'en parlerons point présentement, parce qu'on aura occasion d'en traiter dans la description de différents Arts qui mettront en état de mieux faire comprendre leurs avantages ; ainsi nous nous bornerons à parler des substances qui sont connues sous la dénomination de *Colle* ; elles différent des Mastics en ce qu'elles sont, lorsqu'on les emploie, liquides & coulantes, ensorte qu'elles ne forment point d'épaisseur ; au lieu que les Mastics sont assez épais pour remplir des creux, former des reliefs, &c.

Comme plusieurs substances peuvent produire le même effet, on distingue

* M. Benoît qui a une très-belle & très-grande Fabrique de Colle-forte, avantageusement située dans les Bordes, à Corbeil, & qui y fait de très-belle Colle, tant à la maniere d'Angleterre, que de Flandre, sachant que je me proposois d'inférer cet Art à la suite de ceux que publie l'Académie, s'est fait un plaisir de me faire voir sa Fabrique, & de me procurer tous les éclaircissements que je pouvois désirer.

différentes efpeces de Colles, telles que la Colle de farine, celle de poiffon ; celle qu'on nomme *de Gant*, enfin celle à laquelle on a donné plus particu-liérement le nom de *Colle-forte*, à caufe de fa grande ténacité.

Celle-ci exigeant des préparations particulieres, fe fait dans des Manufac-tures. C'eft pourquoi nous allons en parler en premier lieu, & fort en détail. Nous dirons enfuite quelque chofe des autres efpeces de colles.

ARTICLE PREMIER.

De la Colle-forte.

La Colle-forte eft une diffolution dans l'eau des parties membraneufes, cartilagineufes & tendineufes qu'on tire des animaux. On deffeche enfuite ce qui a été fondu pour en faire des tablettes qui fe confervent fi long-temps qu'on veut fans fe corrompre, & dont le tranfport eft plus aifé que fi ces fubftances étoient fimplement en forme de gelée.

Les gelées de corne de cerf, celle de pieds de veau qu'on prépare dans les cuifines & les offices, feroient de la colle-forte fi on les defféchoit ; & les tablettes qu'on deftine pour en faire des bouillons, ne font autre chofe qu'une colle-forte qu'on a chargée de jus, de fucs, & d'extraits de différentes viandes. Cette forte de colle qui eft fort chere, feroit cependant moins bonne que celle où il n'entre que les parties qui font véritablement pro-pres à fe fondre en gelée. Toutes les autres fubftances, telles que les fucs & les extraits de viande, qui étant mêlés avec la diffolution des parties membraneufes & tendineufes, rendent les tablettes propres à faire de bons bouillons, ne feroient qu'altérer la colle qu'on deftine à être employée dans diffé-rents Arts. Les parties charnues & fanguinolentes fe corrompent ; les graiffes, la finovie, qui fe trouvent dans les articulations, ne doivent point entrer dans la compofition de la colle. Les feules parties capables de fe fondre en gelée font véritablement l'effence de la colle : les autres lui font étrangeres, & ne peuvent que la rendre moins bonne.

Comme pour faire ufage de la Colle-forte, il faut la diffoudre & l'étendre dans de l'eau, plufieurs Artifans & Manufacturiers font eux-mêmes leur col-le ; mais ils ne fe donnent pas la peine de la defsécher & de la réduire en tablettes ; ils s'en fervent auffi-tôt qu'ils l'ont réduite à la confiftance d'une gelée plus ou moins épaiffe, fuivant l'ufage qu'ils en veulent faire. Les Papetiers, les Drapiers, & les Peintres en détrempe achettent des rognures de peaux ou de parchemin qu'ils font bouillir dans l'eau, & quand en en mettant quelques gouttes fe refroidir fur une affiette, elle fe fige en gelée un peu épaiffe, ils l'em-ploient en cet état, & s'épargnent ainfi la peine que fe donnent ceux qui font la

Colle-forte pour la deſſécher & la réduire en tablettes ; mais il faut être en état de faire promptement uſage de ces gelées, ſans cela elles ſe corromproient bien-tôt. C'eſt ce qui engage à deſſécher la colle dans les manufactures, parce que quand elle eſt réduite en tablettes, elle ſe conſerve tant qu'on veut ſans s'altérer ; & d'ailleurs elle eſt beaucoup plus aiſée à tranſporter.

Les Peintres, les Papetiers, les Drapiers, & les autres Artiſans qui font eux-mêmes leur colle, trouveroient ſouvent de l'avantage à acheter la colle en tablettes ; car communément les colles-fortes ſont plus exemptes des ſubſtances étrangeres qui alterent les parties collantes que celles que font pluſieurs Artiſans pour leurs uſages propres. Il y a cependant des raiſons d'économie ou de convenance qui les engagent à faire eux-mêmes leurs colles.

Quelques-uns prétendent que la colle en tablettes eſt trop forte, & qu'il leur en faut une moins parfaite. C'eſt peut-être une prévention ; car on eſt maître d'affoiblir la colle tant qu'on veut en l'étendant dans beaucoup d'eau : quoi qu'il en ſoit, on peut conſulter ce qui a été dit de ces différentes colles dans les Arts du Papetier, du Drapier, &c ; & en faveur de ceux qui n'ont pas ces Arts, nous en dirons quelque choſe dans la ſuite.

Pluſieurs ſubſtances animales ſont propres à faire de la Colle-forte. Les rognures des peaux & des cuirs, les pieds, la peau des têtes & des queues de pluſieurs animaux, les os mêmes, ſi l'on ſe ſervoit de la marmite de Papin pour les diſſoudre, pourroient fournir de la colle.

Je n'ai pas pouſſé bien loin les expériences ſur ce point. Cependant je ſuis parvenu à faire avec des os une colle qui à la vérité étoit fort noire, mais qui me paroiſſoit très-forte, & je crois qu'elle auroit été meilleure ſi j'avois commencé par ôter la moëlle & la graiſſe, & par enlever, au moyen d'un acide, la ſubſtance terreuſe des os, pour ne diſſoudre que la cartilagineuſe ; mais il y a apparence que ces préparations emporteroient tout le profit.

Entre les ſubſtances que je viens d'indiquer, les unes font de meilleure colle que d'autres. En général les cuirs tannés ne fourniſſent point de colle ; les cuirs dits de Hongrie ou de Bourrelier paſſés à l'alun & au ſuif en donnent peu, & de médiocre qualité. Il faut pour en obtenir, leur donner des préparations particulieres.

Les cuirs neufs donnent plus de colle, & de meilleure qualité que ceux qui ont été deſſéchés par un long ſervice. Ces ſubſtances, après un long travail, ne rendent que peu de colle ; j'en ai fait l'épreuve dans une marmite de fer fondu, dont le couvercle de même métal fermoit exactement, pour que la fumée ſe réverbérant ſur le cuir, fît en quelque ſorte l'effet de la machine de Papin ; mais je n'ai point du tout obtenu de colle.

Les rognures de chamois paſſées à l'huile ne valent abſolument rien.

Les poils ne ſe fondent point en colle ; le ſang, la graiſſe, la chair ne peuvent qu'altérer la bonté de la colle, ou au moins occaſionner beaucoup de déchet. C'est pourquoi ceux qui achettent des matieres pour faire de la colle, doivent exiger qu'elles soient bien dégraissées & nettes, ou compter sur un déchet considérable qu'on ne peut évite r.

Les rognures & les ratures de parchemin & de vélin qu'on achette chez les Parcheminiers & les Cribliers, font de bonne colle; mais elle reviendroit fort cher aux fabriquants; & il en est de même des rognures de peaux qu'on achette des Gantiers & des Mégissiers, des Peaussiers & des Fourreurs. Les peaux de liévres, de lapins & de castor, qui ont été épilées par les Chapeliers, toutes ces substances feroient assez bonnes pour faire de la Colle-forte; mais elles font en grande partie employées par les Peintres en détrempe, les Drapiers pour coller leurs chaînes, les Papetiers, &c.

Les faiseurs de Colle-forte ont coutume d'employer des substances plus communes, telles que les rognures de cuirs de bœufs, de veaux, de moutons, de cheval, &c, qu'on appelle *oreillons*; & plus ces animaux font vieux & maigres, plus la colle est forte.

Toutes les parties tendineuses & aponévrotiques qu'on nomme *nerfs*, font de bonne colle. Les pieds, les queues de ces animaux peuvent fournir de la colle; mais ces substances occasionnent beaucoup de déchet, à cause des poils, des graisses & de la finovie qui s'y trouvent abondamment. Il faut les dessoler, les dégraisser, les défosser; & malgré cela, si l'on n'employoit que des pieds, la colle ne feroit pas très-forte, à cause de la quantité de finovie qui est dans ces parties.

Les pieds de bœufs, autrefois estimés, font maintenant regardés comme une des mauvaises matieres qu'on puisse employer, & cela depuis que les Bouchers ont foin d'en ôter une partie tendineuse, qu'on nomme *petit nerf*, ou *nerf de jarret*, qu'ils vendent au compte, & assez cher pour faire cette espece de filasse qui fert à nerver les panneaux des voitures, ou à faire des soûpentes. Quand ces pieds font ainsi dépouillés de cette partie tendineuse, ils ne fournissent qu'une substance glaireuse qui n'est pas propre à faire de bonne colle; & si l'on s'en fert, c'est à cause de leur bon marché. Ces substances tendineuses qu'on achette pour faire de la colle, font donc estimées à proportion de leur propreté, c'est-à-dire, que celles qui font fraîches, bien nettes, fans poussiere, fans poil, fans graisse & fans chair, doivent être choisies par préférence. Ce n'est pas qu'on ne puisse les décharger de ces matieres inutiles ou nuisibles; mais le fabriquant éprouve beaucoup de déchet & de main-d'œuvre, parce que, comme je l'ai dit, les parties graisseuses, charnues, fanguinolentes, & les malpropretés, font des substances hétérogenes qui s'en vont au lavage, à la trempe, ou bien elles fe détachent dans la chaudiere, où elles forment, foit un marc qui fe précipite au fond, ou une écume qui fe porte à la superficie, fuivant leur poids. Ainsi il faut employer du temps & de la main-d'œuvre pour décharger les matieres utiles de ces substances nuisibles, principalement

du

du fang qui eſt très-fufceptible de corruption. Ordinairement quand on achette les matieres propres à faire la colle, elles ſont dépouillées des crins & poils qui les couvroient, attendu que ces poils ſe vendent à part ; mais quand il en reſte aux pieds ou aux queues, on ne cherche pas dans les Manufactures de colle à en faire uſage. On met ces matieres dans une eau de chaux un peu forte, pour les dépiler avant de les employer à faire de la colle : cependant le poil qui reſte ne cauſe point de dommage, & ſe trouve dans le marc ſans s'être diſ-fous. Si l'on veut s'en débarraſſer, c'eſt pour qu'ils ne rempliſſent pas inu_tilement la chaudiere, qu'ils ne retiennent point de faletés, & qu'ils n'empor-tent pas de la colle en s'en imbibant.

J'ai vu employer chez M. Benoît des peaux de liévre, de lapin, & de caſtor, dépilées par les Chapeliers, pour faire de belle colle façon d'Angleterre.

A l'égard des cuirs de Hongrie qui ont été paſſés à l'alun & imbibés de ſuif, qu'on appelle *cuirs de Bourrelier*, ils exigent, comme je l'ai dit, des prépara-tions particulieres. Il faut les tenir plus long-temps dans l'eau de chaux pour en ôter le ſuif & les ſels ; alors ils fourniſſent d'aſſez bonne colle, mais rouſſe & en petite quantité : ainſi pour en tirer quelque profit, il faut les acheter à bon marché, ſur-tout quand ils ſont vieux & deſſéchés.

Si l'on faiſoit de la colle entiérement avec des oreilles ou des nerfs de beuf, elle feroit très-bonne. C'eſt pour cela que quand les Tanneurs ont voulu faire de la colle, comme ils faiſoient tomber en rognure toutes les parties des peaux qui n'étoient pas propres à faire de bon cuir, ils faiſoient d'excellen-te colle. Mais comme ces matieres ſont trop cheres pour être miſes dans le commerce, les fabriquants pour faire une bonne colle marchande, mêlent enſemble des ſubſtances de différentes qualités. Ils prennent, par exemple, 1000 livres de rognure de peaux de veaux & de moutons, & 500 livres d'oreil-lons de bœuf : le tout étant bien conditionné, doit fournir 5 à 600 livres de colle. Je ne donne ceci que comme un exemple ; car il eſt à propos de varier les mélanges, ſuivant la qualité de la colle qu'on ſe propoſe de faire, & le prix des différentes ſubſtances, dont quelques-unes ſont plus abondantes dans une Province que dans une autre.

On met tremper ſéparément chaque matiere dans des cuveaux *A*, *Pl. I & II*, remplis d'eau ; vingt-quatre heures ſuffiſent pour les peaux fraîches ; il faut plus de temps pour celles qui ſont ſeches, & encore beaucoup plus pour les vieux cuirs. On les remue de temps en temps *B*, *Pl. I*, avec la fourche *C*, *Pl. II*, ou la pelle *D*. Quand ils ſont bien pénétrés d'eau, on les retire des cuveaux avec cette fourche, ou un crochet *E*, & on en charge des civieres grillées *F*, *Pl. I & II*, qui doivent être plus étroites par le fond que par le haut. Dans les grandes Fabriques, on les fait grandes & fortes comme à la Planche I. Dans les petites Fabriques, on les tient légeres comme à la Plan-che II. Ces civieres ſont faites avec des barreaux ou paumelles qui ſont reçues dans un fort bâtis de charronnage ou de menuiferie. On laiffe les cuirs un peu s'égoutter dans les civieres, enfuite on les lave à la riviere, comme nous allons l'expliquer, bien entendu quand la Fabrique eft, comme celle de Corbeil, établie au bord d'une riviere ; mais beaucoup font privées de cet avantage, qui néanmoins eft très-important pour faire de belle colle.

On établit fur les bords de la riviere des cages à jour *G* 1, *G* 2 & *G* 3, *Pl. II.* Elles font formées par des barreaux ou paumelles qui entrent dans des trous qu'on a pratiqués à un fort chaffis de charpente. Cette cage eft affemblée au bas d'un cadre ou chaffis *e*, & ce cadre qui doit former une bafcule, eft affemblé au moyen de deux crochets *ff*, qui embraffent la piece horizontale qui forme la traverfe d'en bas du bâtis de charpente. Ce chaffis repréfente au bord de la riviere, comme le chambranle d'une porte qui feroit de charpente, ainfi qu'on le voit dans le lointain de la Planche I, où les cages dont nous parlons font dans deux fituations.

Quand le cadre eft vertical, comme *G* 1 & *G* 2, *Pl. II*, la cage dans laquelle on met les morceaux de cuirs, trempe dans l'eau de la riviere, comme on le voit en *G* 1. Alors on les remue & on les agite dans l'eau avec le bouloir *H*, *Pl. I & II*, ou un barateau *I*, *Pl. II*, forte de rateau à grandes dents. On voit au lointain de la Planche I un homme qui remue les cuirs dans la cage dont nous parlons.

De temps en temps, on abaiffe la queue de la bafcule pour faire fortir la cage de l'eau, comme on le voit en *G* 3, *Pl. II.* Les morceaux de cuirs fortent de l'eau, ils s'égouttent, & l'eau fale en fort. Quand cette eau s'eft égouttée, on replonge la cage, comme on le voit en *G* 1 & *G* 2, *Pl. II*; on remue encore dans l'eau les cuirs, & on répete cette manœuvre jufqu'à ce que les cuirs foient nettoyés, & que l'eau en forte claire. Cette manœuvre fe voit encore à la Planche I dans le lointain.

Comme on lave féparément les différentes efpeces de cuirs, on porte furtout attention aux oreilles qui confervent ordinairement les faletés plus que les autres matieres ; on finit par mettre la cage, comme le repréfente *G* 3, on en tire les morceaux de cuir avec le barateau *I*, *Pl. II*, & la fourche *C* ; on les met dans la civiere *F*, *Pl. I & II*, & on les porte dans des cuveaux cerclés de fer *A*, dont il y a bon nombre dans les Fabriques. On les y laiffe vingt-quatre heures, & fi l'on s'apperçoit qu'ils foient encore fales, on les lave une feconde fois, ainfi qu'on l'avoit fait la premiere. Comme il faut beaucoup d'eau pour remplir les cuveaux, on l'éleve avec des pompes *K*, *Pl. I*, & on la conduit au moyen de dalots *L* dans les différents cuveaux.

Ordinairement on met les cuirs tremper dans une eau de chaux affez foible. Il y a cela d'avantageux, qu'on peut les y laiffer long-temps fe bien pénétrer d'eau ; car ils ne fe gâtent jamais tant qu'ils font dans l'eau de chaux, y reftaffent-ils deux mois. On rafraîchit feulement l'eau des cuves tous les quinze jours avec un feau ou deux de nouvelle eau de chaux , & on retourne de temps en temps les cuirs qui font en trempe.

Par cette trempe, on diffout les parties charnues & fanguinolentes , on fait avec les graiffes une efpece de favon , & on convertit les peaux prefque en parchemin.

Quand on a des matieres qui ont du poil, on les met après le lavage dans une eau de chaux plus forte , ce qui brûle ou détache les poils , en même-temps que la chaux dans laquelle on laiffe les matieres en trempe , confomme en partie , comme nous venons de le dire , le fang , la graiffe & la chair qui ne pour-roient qu'altérer la qualité de la colle. Sur quoi je ferai remarquer que fi on couvre une peau du côté de la chair avec une pâte où il entre de la chaux, la peau étant feche devient bien-tôt comme du parchemin , & on fait que le parchemin eft très-propre à faire de la colle.

Il a été dit que pour tirer parti des peaux qui ont été paffées à l'alun & au fuif , il faut les tenir plus long-temps que les autres dans une eau de chaux un peu forte , & les laver avec plus de foin, pour emporter les fels & la graiffe.

A l'égard des matieres qui contiennent de la graiffe , du fang , de la fi-novie , des parties charnues , & du poil, on les met dans une forte eau de chaux. On les retire de cette eau étant toutes blanches de chaux , & on les conferve à fec dans des foffes *M* , *Pl. I* ; comme elles ne s'altérent point en cet état , on fait ce travail l'hiver , & on les garde en tas *N* fous des hangars jufqu'au printemps , qui eft la faifon où on doit les employer : alors on les met tremper dans des cuveaux pleins d'eau claire ; trois ou quatre hommes les y braffent avec des efpeces de bouloirs *H* ; on les lave à la riviere , & elles font en état d'être mifes dans la chaudiere.

Après avoir ainfi bien imbibé les peaux , & après les avoir foigneufement lavées , on les met pour la derniere fois dans la civiere *F* , mettant en-femble toutes les différentes efpeces de matieres dans la proportion qu'on juge convenable , & on les porte aux cages *G* pour leur donner un dernier lavage. Quelques-uns les paffent enfuite fous une preffe *P* , *Pl. I & II* , pour ôter une partie de l'eau dont elles fe font imbibées , qui empêcheroit que la col-le ne fût fuffifamment épaiffe.

Quelques-uns mettent des pierres au fond de la chaudiere de cuivre dans laquelle on doit fondre la colle, pour empêcher que les matieres ne s'y atta-chent & ne brûlent. Il eft mieux de mettre au fond de la chaudiere une grille de bois dont les barreaux ont deux pouces en quarré , & cette grille eft entou-rée d'un cercle de fer qui empêche qu'ils ne fe défaffemblent. On remplit jufqu'au deffus des bords une chaudiere de cuivre qui eft montée fur un fourneau de maçonnerie *Q* , *Pl. II.*

Ici la pratique n'eft pas la même dans les différentes Fabriques ; les uns prétendent que l'eau que les matieres ont prife dans la trempe eft plus que fuffifante, & qu'il ne faut pas y en ajouter. D'autres y en ajoutent, mais en plus grande ou en moindre quantité, fuivant la qualité des matieres, & penfent qu'il en faut plus à celles qui font dures & féches, qu'à celles qui, étant fraîches & tendres, fe font très-gonflées & chargées de beaucoup d'eau à la trempe. Je fuis fâché de ne pouvoir rien dire de plus précis fur ce point ; car je crois qu'il eft de l'intérêt du Fabriquant d'employer affez précifément la quantité d'eau qui convient, d'autant que fi l'on y en mettoit trop, il faudroit continuer fort long-temps le feu pour épaiffir la colle. En ce cas, on confommeroit du bois, & la colle en feroit plus brune ; fi on y en mettoit trop peu, la colle feroit faite avant que toutes les parties fuffent fondues : une portion des fibres propres à faire de la colle refteroit donc dans le marc, & ce feroit une perte pour le Maître de la Fabrique. Cependant il m'a paru qu'un à peu-près fuffit, & qu'avec un peu d'ufage on y atteindra aifément, pourvû qu'on foit prévenu qu'il faut ajouter moins d'eau aux matieres qui en prennent beaucoup à la trempe, & qui fe gonflent confidérablement, qu'à celles qui font dures & féches. Pour connoître s'il étoit important d'employer beaucoup d'eau, j'ai pris de belles rognures de gant ; je les ai mis tremper vingt-quatre heures dans de l'eau claire ; après les avoir laiffé un peu égoutter, je les ai mifes dans une marmite de fer fondu, qui avoit un couvercle auffi de fer fondu, & qui fermoit affez exactement ; ayant mis deffous d'abord un petit feu, puis un plus fort, mes rognures fe fondirent prefqu'entiérement, & me fournirent une colle qui s'épaiffit & fe deffécha promptement. Je fis enfuite bouillir de l'eau ; j'y jettai de pareilles peaux féches, elles s'y fondirent ; mais j'eus bien de la peine à les épaiffir affez pour faire de la colle en tablettes. Je reviens à ce qui fe pratique dans les Fabriques.

On allume fous la chaudiere d'abord un petit feu pour fondre les matieres peu-à-peu & fans les brûler. On augmente ce feu par degré, jufqu'à faire bouillir la colle, & à mefure que la colle fe fait, les uns diminuent le feu, prétendant qu'il faut laiffer la colle fe faire fans la remuer : d'autres, quand une partie des peaux eft fondue, braffent & remuent vigoureufement les matieres avec le palon *H* ; ce qu'ils répetent de temps en temps jufqu'à ce que la colle foit faite, ce qu'on reconnoît en en rempliffant une coque d'œuf ; elle eft bonne à tirer, fi, lorfqu'elle eft refroidie, elle forme une gelée affez épaiffe. Quand une partie eft fondue, il faut diminuer le feu jufqu'à ne faire bouillir ce qui s'eft fondu qu'à très-petit bouillon, évitant de faire trop de feu ; car il vaut mieux aller lentement, que de rien précipiter. Cette opération dure ordinairement 12, 14 ou 15 heures : lorfqu'une partie des marchandifes eft fondue, il s'éleve quelquefois à la fuperficie de la liqueur une écume qui contient du fang cuit : quelques-uns l'ôtent avec des écumoires ; mais on peut s'en difpenfer : ces impuretés fe fépareront dans la

cuve

cuve ou dans les boîtes. On entretient un petit feu sous la chaudiere pour que la colle ne faſſe que frémir, & on remue de temps en temps les matieres avec une pelle qui a un manche de bois, pour que les matieres légeres qui ſe portent à la ſurface plongent dans la colle fondue & ſe fondent elles-mêmes, & auſſi afin que celles qui tombent au fond ne ſe brûlent point.

Je crois que dans les eſpaces de temps où l'on ne braſſe point la colle, il ſeroit avantageux de couvrir la chaudiere d'un couvercle de paille treſſé avec de l'oſier, qu'on éleveroit au moyen d'une corde paſſée dans une poulie, lorſqu'on voudroit braſſer la colle ; par ce moyen on retiendroit la fumée, cette vapeur chaude & humide étant très-propre à précipiter la fonte des matieres.

L'endroit où l'on cuit la colle eſt un petit bâtiment *R*, *Pl.* I, fermé, dans lequel ſont montées les chaudieres ſemblables à celles *Q*, *Pl.* II ; & auprès de chaque chaudiere, il y a un cuveau de bois, cerclé de fer *S*, *Pl.* II. Quand en mettant un peu de colle fondue ſur une aſſiette ou dans une coque d'œuf, on apperçoit qu'en ſe refroidiſſant elle prend la conſiſtance requiſe, on juge qu'il eſt temps de vuider la chaudiere. Pour cela on établit ſur la cuve une cage longue & quarrée, qui occupe tout le diametre de la cuve. Cette cage ſe nomme *Civiere*, parce qu'elle eſt formée de barreaux comme la civiere *F*. On met dans le fond de cette civiere de la paille longue ; il ſeroit encore mieux d'y mettre une toile de crin. Il faut que le cuveau ſoit tout près de la chaudiere, non-ſeulement pour tranſporter plus aiſément les matieres dans la civiere, mais encore pour que la chaleur du fourneau empêche la colle de ſe refroidir, & qu'elle reſte coulante.

Quand donc les matieres qui doivent fournir la colle ſont fondues, & que la colle eſt cuite, après avoir laiſſé le plus gros marc ſe précipiter, on vuide la chaudiere avec une grande cuiller de cuivre rouge *T*, qu'on nomme *Caſſin* ; on met ce qu'on en tire dans la civiere qui eſt établie ſur le cuveau. Cette opération doit ſe faire promptement, & lorſque la colle eſt fort chaude, pour que la liqueur ſoit plus coulante. Comme il eſt important d'entretenir la colle chaude, non-ſeulement pour qu'elle s'égoutte bien du marc, mais encore pour qu'elle ſe dépure par précipitation lorſqu'elle eſt dans la cuve, on a ſoin que la chaudiere & la cuve ſoient dans un petit endroit exactement fermé, qui par ce moyen eſt entretenu chaud par le feu du fourneau ; mais encore on couvre la civiere & la cuve avec une toile en pluſieurs doubles, afin de prévenir le refroidiſſement.

Pour ne rien perdre de ce qui peut fournir de la colle, on laiſſe long-temps le marc, qu'ils nomment *le fumier*, dans la civiere, pour qu'il s'égoutte.

Communément on met le marc qu'on tire de la civiere ſe deſſécher à l'air, & quand il eſt bien ſec, on s'en ſert pour entretenir le feu ſous la chaudiere, ce qui produit une économie fur le bois, qu'un fabriquant m'a dit aller à plus de 1000 livres par an.

Il eſt bon que la liqueur reſte quelque temps dans le cuveau pour fe dépurer par précipitation, en donnant le temps aux ſubſtances étrangeres de fe précipiter au fond ; pour cela on doit fermer les portes & les fenêtres de l'attelier où ſont les chaudieres & les cuveaux, afin que le refroidiſſement fe faſſe lentement & que la colle s'entretienne liquide, fans quoi les impuretés ne fe précipiteroient pas. On laiſſe ordinairement la colle fe dépurer ainſi par précipitation pendant trois ou quatre heures ; ſi en tenant le cuveau dans un lieu bien chaud, au moyen d'un poële, on ne tiroit la colle qu'au bout de ſix, huit ou dix heures, elle en feroit plus belle ; car la meilleure dépuration eſt celle qui fe fait lentement.

Quand on juge que la colle s'eſt ſuffiſamment dépurée, on la tire encore chaude de la cuve, on la porte promptement & on la verſe dans des auges ou des boîtes de bois *V*, *Pl.* II & III, qu'on a auparavant bien mouillées, & au fond deſquelles il doit toujours reſter de l'eau, principalement pour que les planches ne fe retirent pas, & que les boîtes ſoient étanches, afin que la colle qu'on y mettra ne fe perde pas ; mais on doit les égoutter avant que de mettre la colle dedans.

Dans cette opération, quelques-uns paſſent la colle par des tamis de crin, auxquels on donne ordinairement une forme ovale, parce qu'elle eſt plus commode pour remplir les boîtes qui ſont longues & étroites ; mais cette opération n'eſt pas ſans inconvénient, & le mieux eſt de clarifier la colle par précipitation, comme nous l'avons dit.

Les boîtes *S* ſont de bois de chêne ou de ſapin bien aſſemblé ; elles ont ſept pouces de hauteur, neuf de largeur, & environ trois pieds de longueur. Elles doivent être d'un pouce plus larges par le haut que par le bas.

On verſe donc dans ces boîtes la colle fondue, clarifiée par précipitation. Le cuveau *S*, *Pl.* II, eſt percé à différentes hauteurs, où l'on ajoute des robinets de bois. Le plus bas eſt à un pouce & demi du fond, & le plus élevé eſt à trois pouces & demi du fond. La liqueur qui vient par le robinet le plus élevé, fournit la plus belle colle ; & ſi on veut l'avoir très-belle, il ne faut pas tirer tout ce qui peut venir par ce robinet, parce qu'à la fin, il viendroit un peu de graiſſe, qui nageant fur la colle, lui donneroit un œil déſagréable. Cependant on tire la liqueur par les différents robinets tant qu'elle vient claire ; celle qui coule par le dernier robinet, pour n'être pas claire, n'en eſt pas moins bonne. D'ailleurs quand il fe précipite du marc au fond des boîtes, on l'ôte lorſqu'on la coupe par feuillets. Le ſurplus qui eſt précipité au fond de la cuve contenant beaucoup de colle, on le met avec les matieres neuves dans la chaudiere.

Malgré le ſoin qu'on a pris de dépurer la colle fondue, on trouve preſque

toujours un peu de graisse figée à la surface de la colle qu'on a mise dans
les boîtes , & au fond un peu de marc; mais on retranche ces matieres en partie
lorsqu'on coupe la colle en tablettes.

On laisse la colle environ vingt-quatre heures se refroidir & s'épaissir dans
les boîtes où on l'a mise au sortir du cuveau, les tenant sous un hangard *A A*,
Pl. I & III, à couvert de la pluie & du soleil ; à mesure qu'elle perd de
son humidité , elle diminue de volume ; & quand elle a pris assez de fermeté pour être tirée des boîtes , elle a environ quatre pouces d'épaisseur.
Alors on travaille à la tirer de ces boîtes pour la couper par tablettes , ainsi
que nous allons l'expliquer.

Quoiqu'on ait mouillé les boîtes, la colle y adhere ; ainsi pour la détacher
du bois, on prend de grands couteaux à deux tranchants *X*, *Pl.* II, qu'on trempe
dans de l'eau, & on en passe la lame entre la colle & les planches des boîtes, ayant
soin de mouiller souvent cette lame. On parvient ainsi à la passer tout autour de la colle qui s'est figée & qui tient aux parois des boîtes.

Quand on a fait le tour des boîtes avec le couteau, on coupe avec le même
couteau la colle qui est dans les boîtes , en cinq morceaux ou parallélipipedes qui ont à peu-près sept pouces de longueur , neuf de largeur , & environ
quatre d'épaisseur. Pour couper plus réguliérement ces morceaux , on pose sur
la colle un petit chassis qu'on nomme *moule* ou *calibre Y*, *Pl.* II , dont la
grande longueur doit être égale à la largeur de la boîte. La largeur du moule
doit être telle qu'elle divise la longueur de la boîte en parties égales sans
fractions. Ayant posé ce moule sur la colle qui est raffermie , on conduit le
couteau le long d'un des côtés ; mais il s'agit d'enlever de la boîte ces parallélipipedes de colle. On le fait avec une palette de bois qui a un manche. Le corps de cette palette est précisément de la largeur des boîtes , &
comme elles sont plus étroites par le fond que par le haut , la palette est
aussi plus étroite à son extrêmité que du côté du manche ; en un mot , on
fait ensorte qu'elle joigne exactement l'intérieur des boîtes. On mouille
cette palette , & on la fourre entre les morceaux qu'on veut enlever , l'in-
troduisant dans les fentes que le couteau a faites ; on commence donc par mettre
la palette dans la fente qui sépare le premier parallélipipede du second , & la
faisant glisser sous la colle , on l'enleve sur cette palette. C'est ce morceau de
colle qui est le plus difficile à enlever ; cependant il ne faut jamais commencer par les morceaux des bouts ; on y réussiroit rarement ; mais un du milieu
étant une fois enlevé , les autres se détachent aisément , parce qu'on peut in-
cliner la palette pour la faire glisser sous les autres morceaux. Les Ouvriers très-ac-
coutumés à ce travail, blâment cette pratique ; parce que, comme il faut un point
d'appui pour enlever la palette , on endommage le parallélipipede voisin de celui
qu'on enleve : ils se passent donc de cette palette , & ayant versé un peu
d'eau sur la colle avant que de la détacher avec le couteau , ils ont l'adresse de

tirer ces morceaux de colle des boîtes avec les mains.

Il est important pour tirer facilement les parallélipipedes des boîtes, que la colle ne soit ni trop molle, ni trop seche ; si elle étoit trop molle, les morceaux se briseroient ; si elle étoit trop ferme, la colle seroit si adhérente à la boîte qu'on ne pourroit l'en séparer, & on auroit peine à la couper en tablettes, comme nous le dirons dans un instant.

Quand un morceau de colle est enlevé, on le porte sur la palette même & on le fait glisser sur une planche Z, *Pl.* I, qui a environ un pouce d'épaisseur, & à un des bouts de laquelle il s'en éleve une autre perpendiculairement ; celle-ci sert d'adossoir, c'est-à-dire, qu'une des faces du parallélipipede de colle est posée sur la planche horizontale, & un de ses côtés s'appuye sur la planche verticale ; alors l'Ouvrier &, *Pl.* III se plaçant du côté de la planche verticale, & tenant des deux mains l'espece de scie &, *Pl.* II, dont la monture a, au lieu d'une corde, un gros fil de fer *e d* tendu par un écrou ; de plus, au lieu d'un feuillet tranchant, il y a une lame mince de cuivre *a a*, qui suffit pour couper la colle : en plaçant cet instrument dans une position horizontale, l'Ouvrier qui le tient des deux mains, le tire à lui, & coupe le parallélipipede par tranches horizontales, auxquelles il donne l'épaisseur qu'elles doivent avoir. Ordinairement on retranche une lame mince de dessus, & une de dessous, celle-ci étant souvent chargée de quelques saletés qui ne se sont pas précipitées dans la cuve, & celle de dessus ayant quelques gouttes de graisse figée qui donne un vilain coup d'œil à la colle.

L'habitude des Ouvriers fait qu'ils coupent leurs tablettes de colle très-réguliérement, étant conduits par le simple coup d'œil. D'ailleurs comme la colle se vend à la livre, la précision dans l'étendue & l'épaisseur des tablettes est assez indifférente ; seulement les Fabriquants essayent de ne les pas faire fort épaisses, parce que plus elles sont minces, plus la colle paroît transparente. A l'égard des feuillets qu'on a levés dessus & dessous les parallélipipedes, on les remet dans la chaudiere avec d'autres marchandises.

Quand les feuilles sont ainsi coupées, on les porte à la fécherie *A A*, qui est un hangar ou halle couverte par-dessus, mais dont les côtés ne sont garnis que de rideaux qu'on ferme dans le besoin, laissant le plus qu'il est possible, un libre passage à l'air qui desseche très-promptement la colle sans l'altérer.

Sous cette halle sont des poteaux *B B*, *Pl.* III, qui portent de longues chevilles, sur lesquelles on pose des chassis de menuiserie, où sont cloués des filets *C C*, *Pl.* II & III, semblables à ceux des Pêcheurs. C'est sur ces filets qu'on pose les feuilles de colle, pour les faire fécher, comme le fait l'Ouvrier *D D*, *Pl.* III : on les arrange tout près les unes des autres pour ménager la place ; mais on a soin qu'elles ne se touchent pas.

On

On ne ferme les rideaux de la fécherie que quand il pleut, ou quand le soleil peut donner fur la colle. Il eft fenfible que s'il pleuvoit fur ces tablettes de colle qui font prefqu'en gelée, elles fe déformeroient ; mais le soleil eft autant à craindre : car fi un rayon de foleil chaud donnoit deffus, 5 à 6 minutes fuffiroient pour la faire fondre & tomber par gouttes.

Quelquefois dix jours fuffifent pour fécher la colle, & d'autresfois il en faut plus de quinze. Quand on met la colle fur les filets, elle eft affez ferme pour ne point paffer au travers des mailles ; mais elle eft affez tendre pour que les fils s'impriment fur leur fuperficie, ce qui fait les lozanges qu'on apperçoit fur les tablettes de colle *E E, Pl.* II : il faut avoir l'attention de les détacher de temps en temps des filets pour les retourner, fans quoi ils s'y attacheroient de façon qu'on feroit obligé de déchirer les filets pour avoir les feuilles de colle. Si cependant cet accident arrivoit, on parviendroit à enlever la colle fans déchirer les filets, en la mouillant un peu par-deffous avec une éponge imbibée d'eau.

Quand la colle eft à demi feche, on perce les feuilles à un de leurs bouts, pour pouvoir y paffer une ficelle, qui fert à les pendre dans les magafins, comme on le voit en *F F, Pl.* I. Lorfque les tablettes de colle font prefque feches, on peut leur donner un coup d'œil féduifant, en les mouillant un peu, & les frottant avec un linge neuf. Cette opération leur donne le poli & la tranfparence qui fait eftimer la colle d'Angleterre.

Le tonnerre fait tourner la colle, non pas quand elle eft dans la chaudiere, mais quand elle repofe dans la cuve, ou lorfqu'elle eft dans les auges. Au féchoir, le tonnerre n'y fait plus rien ; elle ne craint alors que la pluie & le foleil. Cependant fi elle étoit furprife par la gelée, avant qu'elle fût feche, elle feroit gélatineufe, & auroit perdu fa tranfparence, & quoique fa qualité ne fût point altérée, elle ne feroit plus de vente, il faudroit la refondre ; ainfi quand il furvient de la gelée, lorfque la colle fur les filets eft encore tendre, il faut porter les feuilles dans un endroit où la gelée ne pénetre point. On fe preffe donc de porter à la cave ou dans un cellier celles qui ne font pas feches, ainfi que les boîtes où l'on a mis la colle fe refroidir. A l'égard des cuveaux, comme ils font à côté des chaudieres dans un lieu petit & fermé, il faudroit qu'il fît un froid bien violent pour que la colle y fût endommagée par la gelée ; mais on peut dire en général que les temps de grandes chaleurs & de gelée, ne font point favorables pour faire la colle. Les feuilles de colle fe confervent aifément en magafin, & même on eftime davantage la colle qui eft anciennement faite, parce qu'étant plus feche, elle porte plus de profit ; mais les Marchands effayent de la tenir dans un lieu qui ne foit ni fort fec ni humide.

Dans un lieu chaud & fec, elle perdroit de fon poids, & il en réfulteroit un déchet qui leur feroit préjudiciable. Si elle étoit dans un lieu humide,

elle s'affoupliroit, & les Acquéreurs refuferoient de la prendre ; car c'eft où
fe porte principalement l'attention des détailleurs, qui favent bien qu'ils éprou-
veroient une perte confidérable s'ils achetoient une colle qui ne feroit pas
feche.

Il y en a qui veulent que la colle foit un peu rouge , d'autres eftiment
celle qui eft blonde ; mais tous veulent qu'elle n'ait point de taches ob-
fcures ; elle ne doit point avoir d'odeur. Les caffures doivent être brillantes ,
comme fi c'étoit un morceau de glace. A l'ufer , il ne doit point s'amaffer de
marc au fond du vafe où on la fait fondre , & comme cela arrive quelquefois, parce qu'on la brûle, des Ouvriers attentifs font fondre leur colle
au bain Marie ; mais la meilleure épreuve eft de mettre un morceau de colle
tremper dans l'eau pendant trois ou quatre jours. Il doit fe gonfler beaucoup , mais ne fe pas diffoudre , & fe deffécher enfuite , fans avoir perdu
de fon poids ; ce qui fait connoître qu'elle ne contient point de finovie
ni de jus de viande , & qu'ainfi elle eft entiérement une fubftance gélatineufe.

Les Menuifiers font grand ufage de la colle-forte ; les Selliers s'en fervent pour nerver les panneaux des voitures. Les Marqueteurs & les Ebéniftes
choififfent avec grand foin la meilleure colle & la plus forte. Quelques-uns
prétendent qu'ils la rendent plus adhérente au bois, en frottant les parties
qu'ils veulent coller avec de l'ail. On peut voir dans l'Art du Facteur d'Or-
gues la façon de fondre promptement la colle fans l'altérer.

ARTICLE II.

De la Colle dite de Flandre.

CETTE Colle ne différe point de la groffe Colle-forte pour la façon de
la faire ; mais comme elle ne fert qu'aux Peintres en détrempe , aux Fabriquants de Draps , & à d'autres ufages qui n'exigent point une colle très-
forte , & que fon principal mérite eft d'être blonde & tranfparente , on ne
la fait point comme la groffe colle, dite *d'Angleterre* , avec des nerfs , des
oreilles & des rognures de peaux d'animaux âgés , même celles de liévre , de
lapin , & de caftor , qui la rendroient rouge , mais avec des rognures de peaux de
mouton , des peaux d'agneau , ou d'autres jeunes animaux. C'eft le cas où l'on peut
employer des pieds de veau & de mouton , qui fourniffent une gelée tendre ; ceux de bêtes maigres font les meilleurs : une partie de rognures de parchemin ne peut qu'être avantageufe pour fe procurer une belle colle. Il faut
que ces matieres aient été lavées avec foin. On fera bien de tenir la
colle fe dépurer plus long-temps dans le cuveau. Mais ce qui contribue beau-

coup à la faire paroître tranfparente, eft de faire les feuilles fort minces. Elles n'ont gueres qu'une ligne d'épaiffeur au milieu ; leur largeur ordinaire eft de deux pouces, la longueur de 6 à 7.

Pour les couper à cette petite épaiffeur, quand on a tiré d'une boîte un parallélipipede de cette colle, on le pofe fur un de fes côtés étroit dans une cage ou dentier *G G*, *Pl.* I *&* II, entre deux rangées 'de fil d'archal qu'on tient plus ou moins gros, fuivant qu'on veut que les tablettes ayent plus ou moins d'épaiffeur, & on coupe les feuilles avec l'inftrument *H H*, *Pl.* II, qui reffemble à une fcie qui a un feuillet fort mince, & fans dents, avec lequel on coupe les tablettes à une très-petite épaiffeur, ce qui contribue à les faire paroître tranfparentes, & d'une couleur ambrée, à caufe des matieres qu'on a employées pour faire la colle.

Cette colle n'eft pas à beaucoup près auffi bonne que la groffe Colle dite *d'Angleterre* pour les Menuifiers, les Ebéniftes, les Marqueteurs ; mais elle eft préférable pour plufieurs Arts, & particuliérement pour les Peintres. Une colle trop forte feroit fujette à tomber par écailles ; d'ailleurs la colle de Flandre altere moins la vivacité des couleurs. Cependant pour le blanc, on donne encore la préférence à la colle de gant, que les Peintres font eux-mêmes.

ARTICLE III.

De la Colle à Bouche.

LA Colle à bouche eft celle dont les Deffinateurs fe fervent pour ajouter enfemble, & fort proprement, plufieurs feuilles de papier, quand ils n'en ont pas d'affez grandes pour leurs deffeins. On l'appelle *Colle à bouche*, parce que lorfqu'on veut en faire ufage, au lieu de la faire fondre comme la colle ordinaire, on en met un bout dans la bouche, où on la laiffe quelque temps jufqu'à ce qu'elle s'attendriffe au point qu'elle fe mêle avec un peu de falive, & rend celle-ci fort gluante. Avant que d'enfeigner comment il faut s'en fervir, je vais décrire la maniere de la faire.

La Colle à bouche n'eft autre chofe que la Colle-forte ordinaire, que l'on aromatife, pour lui ôter le goût défagréable & rebutant qu'elle auroit naturellement, & que l'on réduit en petits pains ou tablettes, pour s'en fervir plus commodément. On peut la faire avec toute efpece de colle-forte, même avec celle de gant, dont nous parlerons dans la fuite ; mais il eft mieux de fe fervir pour cela de celle d'Angleterre, parce qu'elle eft la plus ferme.

On en prendra, par exemple, 4 onces ; on la caffera en petits morceaux à

l'ordinaire : on la fera tremper pendant deux ou trois jours dans une suffi-
fante quantité d'eau froide , dans un pot de terre verniffé : enfuite on jette-
ra toute l'eau fuperflue, enforte qu'il n'en refte point du tout , & on la
fera fondre fur un petit feu. Lorfqu'elle fera bien liquide , on y mettra deux
onces de fucre ordinaire , qu'on mêlera bien avec la colle à mefure qu'il fe
fondra ; il y en a qui y ajoutent un peu de jus de citron , qui paroît y
être affez inutile.

On aura un marbre d'environ 15 pouces en quarré , ou une planche de
bois de pareille grandeur à peu-près ; on y fera un rebord aux quatre côtés ,
avec de la cire ou une petite bougie , on frottera toute la furface de ce moule
avec un petit linge bien imbibé de bonne huile d'olive , enforte que le moule
en foit bien mouillé ; & l'ayant pofé de niveau, on verfera par-deffus toute la colle , fans lui donner le temps de cuire davantage. On la laiffera quatre ou cinq
jours ou plus fur ce moule , pour qu'elle puiffe prendre affez de confiftance à
pouvoir en être enlevée fans fe déchirer. Elle aura alors environ trois lignes
d'épaiffeur.

On ôtera lorfqu'il en fera temps , cette grande plaque de colle : on l'é-
tendra fur une ferviette pliée en quatre , étendue fur une table ; on cou-
vrira la colle d'une autre ferviette également pliée en quatre : on chargera
le tout avec une planche ou le même moule. Ces linges ôtent d'abord toute
l'huile qui pourroit encore être adhérente à la colle , & fur-tout ils en afpirent
l'humidité. Quelques heures après , on fera bien fécher au feu la ferviette
de deffus , on la mettra fur la table , & la colle par-deffus : on fera fécher
également l'autre ferviette , qu'on mettra par-deffus la colle : on chargera le
tout comme la premiere fois. On continuera à faire cette même opération trois
ou quatre fois par jour pendant quinze jours : enfin jufqu'à ce que la colle foit
devenue affez ferme pour la mettre fur fon champ fans prefque fléchir ; mais
il ne faut pas encore qu'elle foit caffante.

Il faut remarquer qu'on peut donner à cette colle l'épaiffeur qu'on fou-
haite , en la chargeant plus ou moins ; fi on la charge beaucoup, elle devient plus mince, parce qu'on l'empêche de fe retirer fur elle-même ; fi
on la charge peu, elle devient plus épaiffe, par la raifon contraire ; mais il
faut la charger , pour qu'elle ne fe coffine point , & qu'elle refte droite
& bien plane. Si on la laiffoit fécher à l'air fans la gêner du tout , elle
fécheroit bien plus promptement ; mais les pains qu'on en feroit feroient
fort tortueux , & ne feroient pas commodes pour l'ufage. Il eft bon qu'ils
aient une ligne d'épaiffeur, fur 8 à 9 lignes de largeur, & environ 3 pouces
de longueur.

Avant que la colle foit affez feche pour être caffante , on la coupera à cette
mefure avec des cifeaux, à la fufdite mefure ; enfuite on arrangera tous ces pains
l'un auprès de l'autre , fans qu'ils fe touchent , en les remettant entre les linges,
qu'on fera fécher de temps en temps , & qu'on chargera. On répétera cette
opération

opération jufqu'à ce que la colle foit parfaitement feche & caffante.

Ufage de la Colle à Bouche.

On commencera par couper bien droit & nettement le bord des deux feuilles de papier qu'on veut ajouter enfemble ; ce qui fe fera aifément, au moyen d'une regle & de la pointe d'un couteau ou d'un canif. On mettra ces deux bords l'un fur l'autre, enforte qu'ils fe croifent d'environ une ligne, ou deux. Si le papier eft bien fort & bien grand, on arrêtera ces deux feuilles, en mettant une regle fur chacune, qu'on chargera de quelque poids à chaque bout : on fera attention que les bords de ces feuilles fe croifent également dans toute la longueur de la couture. Pour cela, on marquera à chaque bout un point avec un compas. On coupera avec un canif, & le long d'une regle, quelques bandes d'autre papier, & on en pofera une fur la feuille inférieure le long du bord de la feuille fupérieure.

Le tout étant prêt, on prendra un pain de colle à bouche : on amincira le bout en tranchant, foit avec un couteau ou une lime groffiere ; on mettra ce bout dans la bouche ; on le retiendra avec les dents, pour qu'il ne gliffe & qu'il ne s'échappe pas ; & lorfqu'après l'avoir ainfi gardé dans la bouche pendant 3 ou 4 minutes, on fentira que la falive qui touche la colle eft devenue gluante & épaiffe, on prendra ce pain, & on le paffera deffous le bord de la feuille fupérieure de papier, en promenant cette colle de gauche à droite, & de droite à gauche, de la longueur d'environ un pouce & demi. Cette opération doit fe faire affez promptement, fur-tout en été. On commence au milieu de la couture : auffi-tôt qu'on a mis ainfi la colle, on ôte la bande de papier, on en met une autre par-deffus la couture, & avec un liffoir, ou un couteau d'ivoire ou de bois, on frotte fortement fur cette bande de papier. Alors il y aura une partie d'un pouce & demi de longueur vers le milieu de la couture qui fera collé. On fera la même opération à un bout de la couture, à l'extrêmité des feuilles de papier ; enfuite à l'autre extrêmité oppofée ; puis au milieu de l'entre-deux, puis à l'autre ; ainfi alternativement jufqu'à ce que toute la couture foit achevée de coller. Plufieurs, pour éviter les plis, commencent par un bout, & finiffent par l'autre.

Il y a plufieurs obfervations à faire : 1_0. pour opérer commodément, on pofera fur la table une des deux feuilles de papier, tellement difpofée, que le bord coupé à la regle foit oppofé à foi, & le bord de l'autre feuille tourné devant foi, étant pofé par-deffus la premiere feuille. 2°. La couture fera plus propre fi la face de la feuille fur laquelle on aura appliqué le canif, lorfqu'on en a coupé le bord, eft pofée en-deffous, c'eft-à-dire, touchant la table, & la feuille fupérieure pofée dans la même fituation où elle a été coupée, enforte qu'on mette la colle du côté oppofé à l'opération de la coupe. La raifon en eft que le tranchant du canif en coupant le bord du papier , lui forme un petit chanfrein & une petite bavochure imperceptible au-deſſous , que l'on rend utile pour que la couture ſoit moins apparente & plus propre , en la faiſant remonter du côté où l'on met la colle. 3º. La raiſon pour laquelle on met une bande de papier le long du bord de la feuille ſupérieure , eſt afin que lorſqu'on met le pain de colle entre les deux feuilles , elle empêche que la feuille inférieure ne ſe tache ; ce qu'on ne pourroit éviter , ſi on ne couvroit pas par cette bande le bord de la feuille de deſſous. 4º. Il faut prendre garde de ne pas trop enfoncer le pain de colle entre les deux feuilles , pour n'en pas tacher le deſſous. Il y en a qui , pour cela , mettent une bande de papier au-deſſous , de toute la longueur de la couture ; ce qui eſt mieux. 5º. Il faut avoir ſoin , auſſi-tôt qu'on a collé un morceau , de remuer un peu les deux feuilles de papier , parce qu'il arrive quelquefois que ſi l'on enfonce un peu trop le pain de colle entre les deux bords des deux feuilles , elles ſe collent ſur la table , ou ſur la bande de papier du deſſous. 6º. Il y a des Deſſinateurs aſſez adroits , pour ôter aux deux bords des feuilles de papier qu'ils doivent coller enſemble , la moitié de leur épaiſſeur ; ils donnent à cet effet , à deux lignes du bord déja coupé , un coup de canif le long d'une regle , & ils ne l'enfoncent que juſqu'à la moitié de l'épaiſſeur , enſuite ils détachent en deux dans l'épaiſſeur , une petite bande de papier. Ils forment par-là comme une feuillure. Lorſqu'ils ont fait la même opération au bord de l'autre feuille , ils mettent & collent l'une ſur l'autre ces deux feuillures. Par ce moyen la couture eſt bien plus propre , & ne ſe trouve pas plus épaiſſe que le reſte du papier. Mais on ne peut faire cette opération que ſur du fort papier. 7º. On n'eſt obligé d'aiguiſer le bout d'un pain de colle à bouche que la premiere fois qu'on s'en ſert , le tranchant s'entretient toujours. 8º. Auſſi-tôt qu'on a collé un endroit entre les feuilles , on remet la colle dans la bouche , où elle ſe prépare en attendant , pour coller l'endroit ſuivant. On n'eſt obligé de la garder pendant quelques minutes dans la bouche , que lorſ-qu'on commence à coller ; enſuite elle eſt toujours en train , ſans qu'il ſoit néceſſaire d'attendre. 9º. Il faut changer pluſieurs fois les bandes de papier , à meſure qu'elles ſe tachent ou s'humectent , pour coller plus proprement. 10º. On obſervera de ne pas mettre de la ſalive à la colle lorſqu'on l'ôte de la bouche , on ſaliroit par-là la couture.

J'ai fait pluſieurs fois de la Colle à Bouche avec de la Colle de Flandre , & j'avois décrit ici mon pro-cédé ; mais ayant trouvé celui de Dom Bedos plus parfait , j'ai cru devoir lui donner la préférence.

ARTICLE IV.

Colle de Pieds de Veau.

Nous avons dit qu'on pouvoit comprendre les pieds de veau dans la colle dite *de Flandre* ; mais en ce cas on ne les emploie pas feuls : on les mêle avec d'autres matieres, qui donnent à cette colle plus de confiftance qu'elle n'en auroit fi on employoit les pieds feuls. Mais dans les cas où l'on a befoin d'une colle claire & tranfparente, & lorfqu'il n'eft pas important qu'elle ait beaucoup de force, on en peut faire avec feulement des pieds de veau. Pour cela on emporte le poil à l'eau bouillante, comme on le fait à un cochon de lait ; on détache enfuite les os, la graiffe, & la finovie qui eft fous une apparence glaireufe. On fait bouillir le refte dans de l'eau, on écume tout ce qui fe porte à la fuperficie ; & quand le bouillon refroidi prend la confiftance d'une gelée épaiffe, on paffe la colle par un linge, & on la laiffe fe refroidir lente-ment, pour la dégraiffer le plus qu'il eft poffible. Quand enfuite on veut l'em-ployer, on la fait chauffer, ayant attention de la tirer à clair, afin de ne pas mêler avec la bonne colle, un peu de fédiment qui s'eft précipité au fond. Cette Colle eft tranfparente ; mais elle n'a pas beaucoup de force, & on en fait peu d'ufage, parce que les pieds de veau étant employés dans les aliments, fourniroient une colle trop chere.

ARTICLE V.

De la Colle de Gant & de Parchemin.

La Colle de gant eft encore un diminutif de la Colle-forte, & elle n'a pas à beaucoup près autant de force ; elle en a cependant plus que celle de pieds de veau, & elle eft faite avec des matieres qui coûtent beau-coup moins. C'eft pourquoi les Peintres en détrempe, qui n'ont pas befoin d'une colle très-forte, en font un grand ufage, & pour le blanc ils la préferent à celle de Flandre. Voici comme on la fait : on prend une livre & demie de rognures de peaux blanches de gant, qu'on achette chez les Gantiers & Peauffiers ; on évite qu'il y ait du chamois. On fait bouillir douze pintes d'eau ; quand elle eft bien bouillante, on met dedans les rognures de peaux, & remuant de temps en temps avec un bâton, on continue de faire bouillir l'eau jufqu'à la réduction de la moitié ; alors on paffe la liqueur toute chaude par un linge, dans un pot de terre neuf ou propre.

Comme les Peintres en impreffion qui font ufage de cette colle, ont befoin qu'elle foit tantôt plus & tantôt moins forte, ils en mettent refroidir fur une affiette ; s'ils la trouvent trop forte, ils y ajoutent de l'eau bouillante ; s'ils la trouvent trop foible , ils en font évaporer une partie , ou y ajoutent des rognures. Ordinairement ils font encore bouillir le marc dans d'autre eau , pour obtenir une colle très-foible qu'ils emploient aux plafonds , ou qu'ils fortifient, en y ajoutant un peu de nouvelles rognures.

La Colle de parchemin qui fe fait avec des rognures ou ratures de parchemin, ou de vélin , fe fait comme celle de gant ; elle eft plus forte , mais pas tout à fait auffi blanche.

Les Doreurs en or bruni font grand ufage de cette colle , & de celle de gant.

La Colle qu'emploient les Drapiers pour leur chaîne , & les Papetiers, eft à-peu-près du même genre.

Les Papetiers pourroient fe fervir de colle de Flandre ; mais pour l'ordinaire ils font eux-mêmes leur colle. Pour cela , ils mettent les rognures de peaux dans une cage de fer qui eft fufpendue au milieu d'une chaudiere remplie d'eau bouillante : je dis bouillante, car pour toutes les colles qu'on fait avec des rognures de peau , il eft bien mieux de les mettre dans l'eau bouillante que dans de l'eau froide, qu'on feroit enfuite bouillir. La meilleure maniere de connoître fi la colle eft au degré de force qu'on défire , eft de coller quelques feuilles de papier , de les faire fécher , & enfuite d'appliquer la langue deffus ; fi la falive ne pénetre pas le papier, la colle eft au degré de force qui convient ; alors on y ajoute de l'alun de Rome , & on la paffe d'abord au travers d'un tamis de crin , puis par un drap.

Les Drapiers qui n'ont pas non plus befoin de colle très-forte , la font avec des peaux d'agneaux, de lapins ou de lievres.

Quand on emploie la colle fans la faire fécher en tablette , elle eft fujette, comme nous l'avons dit , à fe gâter, lorfque le temps eft difpofé à l'orage. On préviendra cet accident , fi dans les temps critiques on la met fur le feu pour la faire un peu cuire , ayant foin d'emporter une écume qui fe porte à la fuperficie.

ARTICLE VI.

De la Colle de Poiffon.

On tire cette Colle de Mofcovie ; mais les Auteurs ne font point d'accord fur l'efpece de poiffon qui la fournit : prefque tous penfent que les Mofcovites prennent la peau , les nageoires, les parties nerveufes & mucilagineufes de différentes efpeces de poiffons ; quelques-uns difent feulement que celui

qui

qui la fournit n'a point d'arrête, & qu'après avoir fait bouillir, à petit feu, les parties que nous venons de nommer juſqu'à conſiſtance de gelée, on l'étend à l'épaiſſeur d'une feuille de papier pour en faire des pains ou des cordons, tels qu'on les voit dans le commerce.

Je crois qu'on peut faire une Colle par le procédé que je viens de décrire; car on fait une colle très-foible en faiſant bouillir dans de l'eau des peaux d'Anguilles; j'en ai même fait avec des peaux & des nageoires de poiſſon : on auroit pu l'employer comme celle de parchemin, ſi on en avoit fait uſage lorſqu'elle étoit en gelée. Je ſuis encore parvenu à la réduire en tablette ; mais elle étoit très-brune, & fort difficile à diſſoudre dans l'eau : peut-être qu'avec des précautions que je n'ai pas priſes, on pourroit la faire moins défectueuſe ; car on dit qu'on trouve en Angleterre & en Hollande une Colle de poiſſon, à la vérité peu-parfaite, qu'on vend en petits livrets. Je n'en ai point vu ; mais je puis aſſurer que la belle Colle de poiſſon, eſt tout-à-fait différente de ce qu'on voit dans les Auteurs qui ont eſſayé de nous dire d'où elle provient.

Comme je voyois beaucoup d'incertitude ſur la façon de faire la belle Colle de poiſſon qu'on nous apporte de Ruſſie, je priai M. Muller, alors Secrétaire de l'Académie Impériale de Péterſbourg & Correſpondant de l'Académie des Sciences de Paris, de vouloir bien me procurer un Mémoire exact ſur la façon de faire la Colle de poiſſon qui nous vient de Ruſſie. Ce zélé & habile Correſpondant ayant bien voulu répondre à mes invitations, je me trouve en état de jetter un jour conſidérable ſur un objet qui eſt également intéreſſant pour les Arts & l'Hiſtoire Naturelle.

Pluſieurs poiſſons fourniſſent de la colle ; mais *l'Eſturgeon*, & le poiſſon qu'on nomme *Sterled*, donnent la plus belle. Après celle-ci vient la colle d'un poiſſon nommé *Sevrjouga*, & en dernier lieu le *Belouga*; & quoique celle de ce dernier poiſſon ſoit la plus commune, on la ſophiſtique en la mêlant avec celle de pluſieurs autres poiſſons plus communs, & qui n'en fourniſſent pas d'auſſi bonne.

Toutes ces Colles de poiſſon ſont contenues dans la veſſie qui eſt remplie d'air : cependant on en trouve une maſſe conſidérable qui eſt adhérente à l'arrête du dos : car la plupart des poiſſons, où ſe trouve cette ſubſtance, ſont à arrête : cependant l'Eſturgeon qui en fournit de belle, eſt mis au nombre des poiſſons cartilagineux.

La colle eſt donc placée le long du dos, & attachée à une partie cartilagineuſe qui eſt propre au poiſſon dit *Acipenſer*.

Le devant du ventre eſt rempli d'œufs ou caviar : quand on a emporté les œufs, on détache la veſſie, & enſuite la veſiga, ou la ſubſtance qui fournit la colle ; elle eſt ſi adhérente au dos, qu'on a peine à l'en détacher : la partie de la veſſie qui tient à cette ſubſtance eſt blanche, celle qui touche aux œufs eſt noirâtre.

La veſſie à air n'eſt pas diviſée en deux , comme dans d'autres poiſſons ; elle a la forme d'un cône , dont la baſe eſt du côté de la tête du poiſſon , & la pointe vers la queue. Après avoir retiré du poiſſon cette veſſie , on la met dans l'eau pour la nettoyer du ſang dont elle eſt ſouvent ſouillée ; ſi elle eſt nette , il n'eſt pas beſoin de la laver.

On ouvre avec un couteau la veſſie ſuivant ſa longueur , & on eſſaye de ſéparer de la colle la peau extérieure qui eſt brune. A l'égard de la membrane intérieure , elle eſt ſi fine & ſi blanche qu'il eſt bien difficile de l'enlever.

On enveloppe enſuite la colle dans une toile ; on la manie & on la pêtrit avec les doigts , juſqu'à ce qu'elle devienne molle comme une pâte , dont on forme de petites maſſes plattes , comme des gâteaux , qu'on perce dans le milieu pour les enfiler dans une corde , afin de les faire ſécher.

On peut s'épargner la peine de la pêtrir : pour cela on entaſſe au ſoleil les morceaux de colle , & on les couvre d'une toile humide ; la chaleur du ſoleil l'amollit au point qu'on peut les rouler avec les mains ſur une planche , pour en faire des cylindres dont on joint les deux bouts enſemble , ce qui forme des anneaux dans leſquels on paſſe une corde , pour les faire ſécher dans un endroit médiocrement chaud , mais à l'ombre ; car le ſoleil feroit bourſoufler la colle.

Ceux qui font de la colle pour la vendre , évitent de la trop deſſécher , afin de lui conſerver plus de poids ; cependant quand elle n'eſt pas bien ſéche , elle s'altere , & elle eſt ſujette à être mangée par les mittes.

On voit que la belle colle eſt toute faite dans le poiſſon , qu'il ne s'agit que de la monder des membranes qui l'enveloppent , du ſang qui la ſalit , & enſuite la faire ſécher pour qu'elle ne ſe gâte pas. Cependant on fait en Ruſſie une colle de poiſſon cuite , qui , quand elle eſt bonne , reſſemble à de l'ambre jaune : elle vient de *Gouriefgorodox* , petite ville ſituée ſur le *Yaix*. On n'en fait pas un objet de commerce ; cependant ſa dureté fait qu'elle n'eſt ſujette à aucune corruption : voici comme on la prépare.

On lie fortement l'ouverture ſupérieure , ou le large bout de la veſſie , avec un fil à coudre ; l'autre bout n'a pas beſoin d'être lié , étant naturellement fermé. On cuit les veſſies juſqu'à ce que la colle qui eſt dedans devienne tout-à-fait liquide. Les uns font couler cette colle liquide dans des moules de bois ou de pierre , auxquels on donne différentes figures ; d'autres laiſſent la colle ſe refroidir dans les veſſies même , & ils ôtent enſuite les membranes qui l'enveloppent.

Cette colle eſt nommée en Allemagne , *Colle à bouche* , parce que l'ayant attendrie dans la bouche , on peut s'en ſervir pour coller enſemble des feuilles de papier.

J'ai vu chez M. de Juſſieu une de ces veſſies tirée de l'Eſturgeon qui lui avoit été apporté de Bengale par M. Anquetil ; elle avoit 10 à 11 pouces de longueur , au moins 3 de largeur , & plus d'un demi-pouce d'épaiſſeur.

Nous avons mangé à Paris un *Scheid* frais , qui avoit été pêché dans le Danube ; il avoit au dos une maſſe de colle qui étoit tranſparente, délicate & bonne à manger. M. de Regemorte, ancien premier Commis de la Guerre, me l'avoit envoyé de Straſbourg, où on l'avoit apporté dans de l'eau, en le nourriſſant de poiſſon.

On peut auſſi en retirer de la Morue , comme je l'expliquerai en parlant de la pêche de ce poiſſon.

La Colle de poiſſon , pour être bien conditionnée , doit être blanche, claire , demi-tranſparente , ſeche , & ſans odeur.

Pour la diſſoudre, on la réduit en petits morceaux, en la battant avec un marteau , & la coupant enſuite avec des ciſeaux. En cet état, on peut la fondre dans l'eau en la tenant à une chaleur douce , & la remuant de temps en temps : elle ſe diſſout plus promptement dans du vin , & encore mieux dans de l'eau-de-vie ; ce qui eſt bien différent de la Colle-forte , qui ne ſe diſſout point du tout dans l'eſprit-de-vin. Les Ebéniſtes & les Eventailliſtes s'en ſervent pour attacher de petites parties délicates ; mais elle eſt trop chere pour l'employer à de gros ouvrages.

Lorſqu'elle étoit moins chere , on s'en ſervoit pour coller & clarifier le vin ; une demi-once de cette colle diſſoute dans deux pintes d'eau , ſuffit pour clarifier deux demi-queues ou un tonneau de vin, meſure d'Orléans.

On fait avec la Colle de poiſſon de petites Images de différentes couleurs, qui ont au milieu un petit cartouche en or faux , ſur lequel il y a différents ſujets imprimés. On tire ces Images d'Allemagne , & les Commiſſionnaires aſſurent qu'elles leur ſont envoyées de Hambourg & de Nuremberg. J'ignore comment on les fait ; on trouve ſeulement dans le Dictionnaire Economique, au mot *Image*, quelques procédés, pour donner à cette colle différentes couleurs. *

On ſe ſert encore de la colle de poiſſon pour luſtrer des étoffes de ſoie , & principalement des rubans. Les Ouvriers en gaze en font auſſi un grand uſage.

Voici comme l'on fait en Angleterre des taffetas noirs enduits de Colle de poiſſon , pour mettre ſur les coupures & les petites plaies. On tend ſur un petit chaſſis un morceau de taffetas noir , clair , & on paſſe deſſus avec une broſſe fine pluſieurs couches de Colle de poiſſon qu'on a fait fondre dans de l'eau-de-vie , comme je le dirai ci-après. Pour la derniere couche , afin que ces taffetas ayent une odeur agréable , on mêle avec la colle un peu de baume du Commandeur. Il ne faut mettre les couches que quand celles qui ont été appliquées les premieres ſont bien ſeches.

Ces petites emplâtres s'attachent difficilement à la peau ; il ne faut pas les humecter du côté de la colle , mais du côté du taffetas. On eſt quelque-

____
* Voyez la Note qui eſt au bas de la page ſuivante.

fois obligé, quand la plaie faigne, de les affujettir fur la bleffure avec une ban-delette de linge ; mais quand elles font attachées, elles tiennent jufqu'à ce que le taffetas foit ufé : on peut même fe laver les mains fans que les emplâtres fe détachent.

Il faut pour faire cette Colle 2 onces de colle de poiffon, réduites comme il a été dit en petits morceaux, les mettre infufer avec 8 onces d'eau dans un lieu chaud, remuant fréquemment, & finir par faire bouillir la liqueur : on y ajoute une chopine de bonne eau-de-vie : à mefure que la liqueur bout, on l'écume ; & enfin on la paffe par un linge.

Dans d'anciens Difpenfaires, on recommande la Colle de poiffon pour former des emplâtres : pour la diffoudre, ils difent qu'il faut la battre, la laiffer amollir dans du vinaigre, & la faire bouillir, après y avoir ajouté de l'eau commune, un peu de chaux éteinte, & l'employer le plus chaud qu'il fera poffible.

Maintenant la Colle de poiffon entre dans le diachylon ; je ne fache pas qu'on en faffe d'autre ufage en Médecine.

On lit dans les Secrets de Lémery, in-12. Tome IV, page 114, que pour tirer une empreinte de médaille avec de la colle de poiffon, il faut prendre une médaille, de quelque métal que ce foit, plomb ou étain, fondue fur une médaille d'or ou d'argent, la frotter d'huile, puis l'effuyer avec un linge, enforte qu'elle foit feulement un peu graffe ; faire tremper de la colle de poiffon dans un pot verniffé, ou de verre, pendant trois jours, puis la faire bouillir jufqu'à ce qu'elle ait à-peu-près la confiftance de la colle qu'on emploie pour coller du bois : alors il faut la paffer par un linge ; enfuite on fait autour de la médaille qu'on a frottée d'huile, un rebord de terre graffe, épais d'environ un doigt : on remplit le godet de colle de poiffon chaude ; on la garantit de la pouffiere en la couvrant d'une feuille de papier : quand la colle eft bien feche, on la détache peu-à-peu de la médaille, dont elle conferve l'empreinte. J'ai exécuté ce procédé qui m'a affez bien réuffi ; mais pour que le relief de la médaille de colle paroiffe, il eft bon de la mettre fur un fond coloré. *

---

* Je viens de dire qu'en fuivant le procédé de Lémery, je fuis parvenu à tirer des empreintes de Médailles, mais que je n'avois pu apprendre comment on fait en Allemagne ces petites images qu'on donne pour récompenfe aux enfants. Faute d'avoir pu me procurer quelque chofe de plus précis, je vais mettre ici une Note que j'ai tirée du grand Vocabulaire François, Tome 14. au mot *Image.*

On fait des Images ou Médailles avec la colle de poiffon. Pour cet effet, prenez de la colle de poiffon bien nette & bien claire ; brifez-la avec un marteau ; lavez-la d'abord en eau claire & fraîche ; enfuite en eau tiede ; ayez un pot neuf ; mettez-la dans ce pot ; faites-l'y tremper dans de l'eau pendant la nuit ; faites-l'y enfuite bouillir doucement une heure, jufqu'à ce qu'elle prenne du corps ; elle en aura fuffifamment fi elle fait la goutte fur l'ongle. Cela fait, ayez vos moules prêts ; ferrez-les à l'entour avec une corde ou avec du coton, qui ferve à retenir la colle ; frottez-les de miel ; verfez deffus la colle, jufqu'à ce que tout le moule en foit couvert ; expofez-le au foleil, la colle s'égalifera & fe féchera ; quand elle fera féche, l'image fe détachera du creux d'elle-même, fera mince comme le papier, ou de l'épaiffeur d'une médaille, felon la quantité de colle dont on aura couvert le moule. Les traits les plus déliés feront rendus, & l'image fera luftrée. Si on la veut colorée, on teint l'eau dans laquelle on fait bouillir la colle, foit avec le bois de Bréfil, de Fernambouc, foit avec la graine d'Avignon, le bois d'Inde, &c. Il faut que l'eau n'ait qu'une teinte légere, & que la colle ne foit pas trop épaiffe ; l'image en viendra d'autant plus belle.

ARTICLE

ARTICLE VII.

De la Colle de Farine.

On fait de bonne Colle avec de la farine de froment : cependant on prétend qu'elle est plus forte quand on emploie de la farine de seigle, & qu'elle seroit encore meilleure, si on se servoit de farine de bled noir ou sarrazin.

Quand on prend de la pâte de farine de froment un peu ferme, & qu'on la presse continuellement entre les mains, sous un petit filet d'eau, en en rapprochant toutes les parties pour que la motte ne se sépare pas, il en sort par ce lavage beaucoup d'eau blanche, & il reste dans les mains une masse ductile & extensible, qui ressemble à une peau de gant mouillée ; car elle s'étend sans se rompre quand on en tire une partie entre les doigts : il paroît que par cette opération on souftrait de la pâte la fine fleur de farine ; & je serois disposé à soupçonner que ce qui reste dans les mains après le lavage de la pâte, est formé par la portion du grain, que les Boulangers appellent *le Gruau*, qui se brise difficilement, & qui après la premiere mouture reste par grains, comme du riz battu, d'autant que ce gruau est un peu transparent. Je soupçonne donc que c'est ce gruau qui fournit la partie extensible qui reste dans les mains quand on lave de la pâte, que c'est cette partie qui sert principalement à donner de la ténacité à la colle de farine ; suivant cette idée la fine fleur qui s'en va en lavant la pâte, seroit peu propre, étant seule, à faire de bonne colle. Pour donner quelque vraisemblance à cette conjecture, je ferai remarquer, 1o, qu'on ne peut pas faire de bonne colle avec la folle farine que les Meûniers ramassent dans leurs moulins avec un plumeau, & cette folle farine est une fine fleur. 2°. Qu'on fait de bonne colle avec l'amidon qu'on retire en bonne partie du gruau. 3°. Que la partie extensible qu'on retire de la pâte lavée, devient très-dure quand elle est seche : cependant j'avoue que je n'ai pas pu dissoudre parfaitement dans de l'eau tiede la substance extensible dont il est question.

Quoi qu'il en soit, pour faire de bonne Colle de farine, il faut commencer par former dans un chauderon une espece de pâte molle, en mêlant peu-à-peu la farine avec de l'eau chaude, & la remuant continuellement avec une cuiller de bois, comme si l'on vouloit faire de la bouillie : lorsqu'elle en a la consistance, on met le chauderon sur le feu, & on ajoute de l'eau à-peu-près autant qu'il y a de bouillie. Il faut, quand elle commence à fumer, remuer continuellement avec la cuiller de bois, & ajouter peu-à-peu de l'eau à mesure que la colle s'épaissit, parce qu'il faut qu'elle soit bien cuite : & on ajoute plus d'eau qu'il ne s'en évapore, afin que la colle soit liquide. Quand on peut l'employer encore chaude, elle s'étend beaucoup mieux que quand elle est

refroidie ; mais au moyen d'une petite préparation, les Cartiers qui ont befoin de bonne colle, parviennent à l'étendre très-bien, lors même qu'elle eſt
froide : voici quelle eſt leur pratique.

Sur 40 parties d'eau on met 4 parties de belle farine, bien blutée, & une
partie & demie d'amidon ; le tout en meſure & non en poids.

On délaye féparément & à la main, la farine & l'amidon avec de l'eau tiede,
de forte qu'on en forme une bouillie claire. On tranſporte ces bouillies
dans une chaudiere où l'eau commence à bouillir ; & on braſſe fortement ces
deux bouillies avec un trognon de balai, pour qu'elles ſe mêlent bien enſemble ;
puis on entretient la chaudiere au petit bouillon pendant 5 à 6 heures, juſqu'à ce que la colle ait pris une odeur de bouillie bien cuite, & qu'en preſ-
ſant l'une contre l'autre les mains qu'on en a frottées, on ait quelque peine à
les féparer. Lorſqu'elle eſt dans cet état, on la verſe dans des baquets *I I*,
Pl. I, & à meſure qu'elle ſe refroidit on la remue avec une ſpatule *H* ;
enfin quand elle eſt refroidie, on la met peu-à-peu dans un tamis de crin ; & en
la tournant avec un gros pinceau de poil de ſanglier on la fait paſſer à
travers le tamis. Cette opération la rend molle, & en état d'être employée,
quoique froide.

Les pains à cacheter les lettres ſont de vraie colle de farine, qui n'a point
fermenté, qu'on fait fécher entre deux plaques de fer.

La Colle de pur amidon eſt plus forte que celle de farine ; mais auſſi
elle eſt plus chere. Les Cartiers parviennent, au moyen du mélange de ces deux
ſubſtances, à faire une bonne Colle qui leur coûte moins. J'ai fait pour de
petits ouvrages de bonne colle avec de l'amidon & de l'eau légérement
chargée de gomme Arabique.

On peut auſſi augmenter la force de la Colle, en la faiſant avec de
l'amidon & de l'eau, dans laquelle on aura diſſous un peu de colle de poiſſon.

C'eſt à-peu-près ainſi que les Chapeliers font la Colle qu'ils nomment
leur *apprêt.* Ils mettent avec 14 livres d'eau 2 livres de gomme qu'on nomme
de Paris, une demi-livre de gomme Arabique, deux livres de belle Colle-
forte, & une chopine de fiel de bœuf.

La gomme Arabique ſeule, fondue dans de l'eau, forme une liqueur qui
colle très-proprement, & qui eſt très-aiſée à préparer : l'eſſentiel eſt qu'il n'y
ait pas trop d'eau, il faut qu'elle file entre les doigts ; ſon défaut quand elle
eſt ſeule, eſt d'être caſſante. On en trouve chez les Marchands de blanche &
de rouge ; celle-ci qui eſt à meilleur marché, colle auſſi bien que la blanche,
mais pas auſſi proprement, & ſouvent il ſe dépoſe un marc inutile. La blanche ſert aux Peintres en miniature à donner de la ténacité à leurs couleurs,
ſans altérer leur vivacité.

La gomme Adragante dont les Apothicaires ſe ſervent pour faire leurs
trochiſques entrent auſſi dans quelques compoſitions propres à coller.

F I N.

EXTRAIT DES REGISTRES

DE L'ACADÉMIE ROYALE DES SCIENCES.

Du 6 Février 1771.

MESSIEURS MACQUER & CADET, qui avoient été nommés pour examiner la Description de *L'ART DE FAIRE LA COLLE*, par M. DUHAMEL, en ayant fait leur rapport, l'Académie a jugé cet Ouvrage digne de l'impression; en foi de quoi j'ai signé le préfent Certificat. A Paris, le 9 Février 1771.

GRANDJEAN DE FOUCHY,

Secrétaire perpétuel de l'Académie Royale des Sciences.

Dessiné et Gravé par N. Ransonnette.

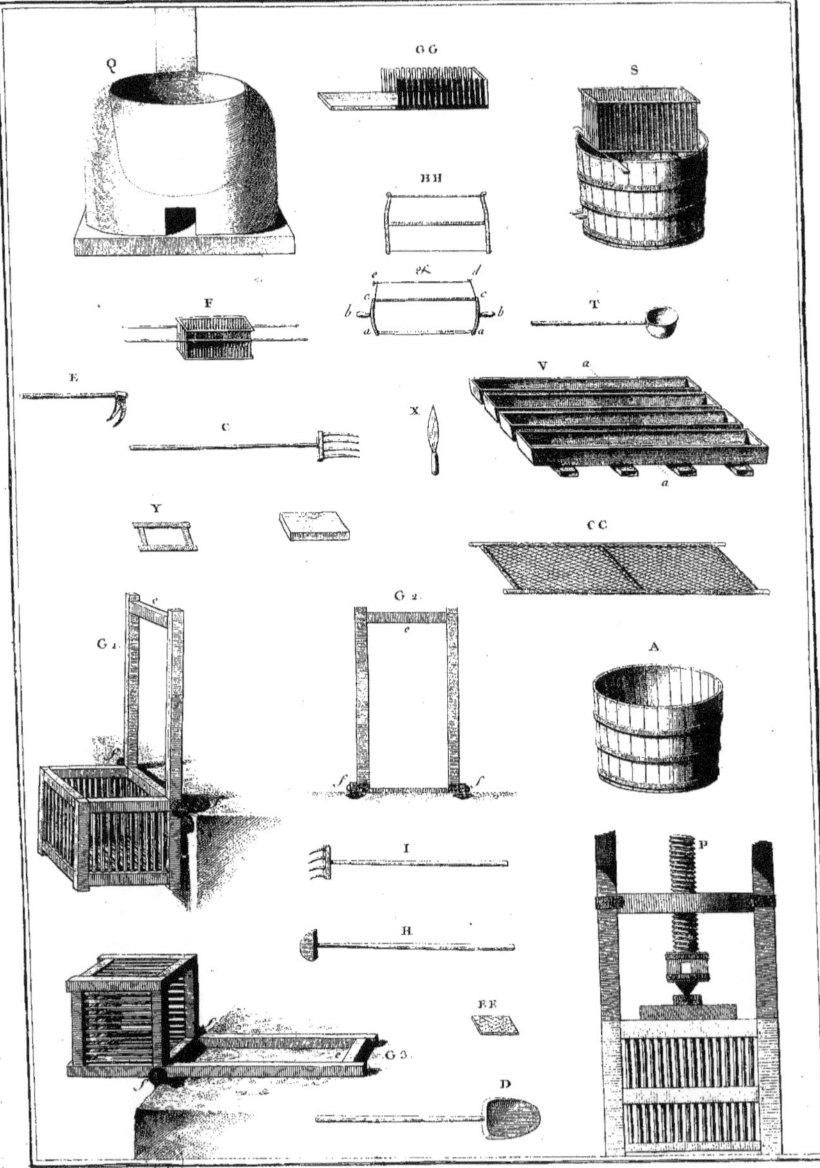

Q
GG
S
HH
e
d
c
c
b
b
a
a
T
F
V
a
E
X
C
a
Y
CC
G 1
e
G 2
e
A
f
f
I
H
EE
D
G 3
e
P

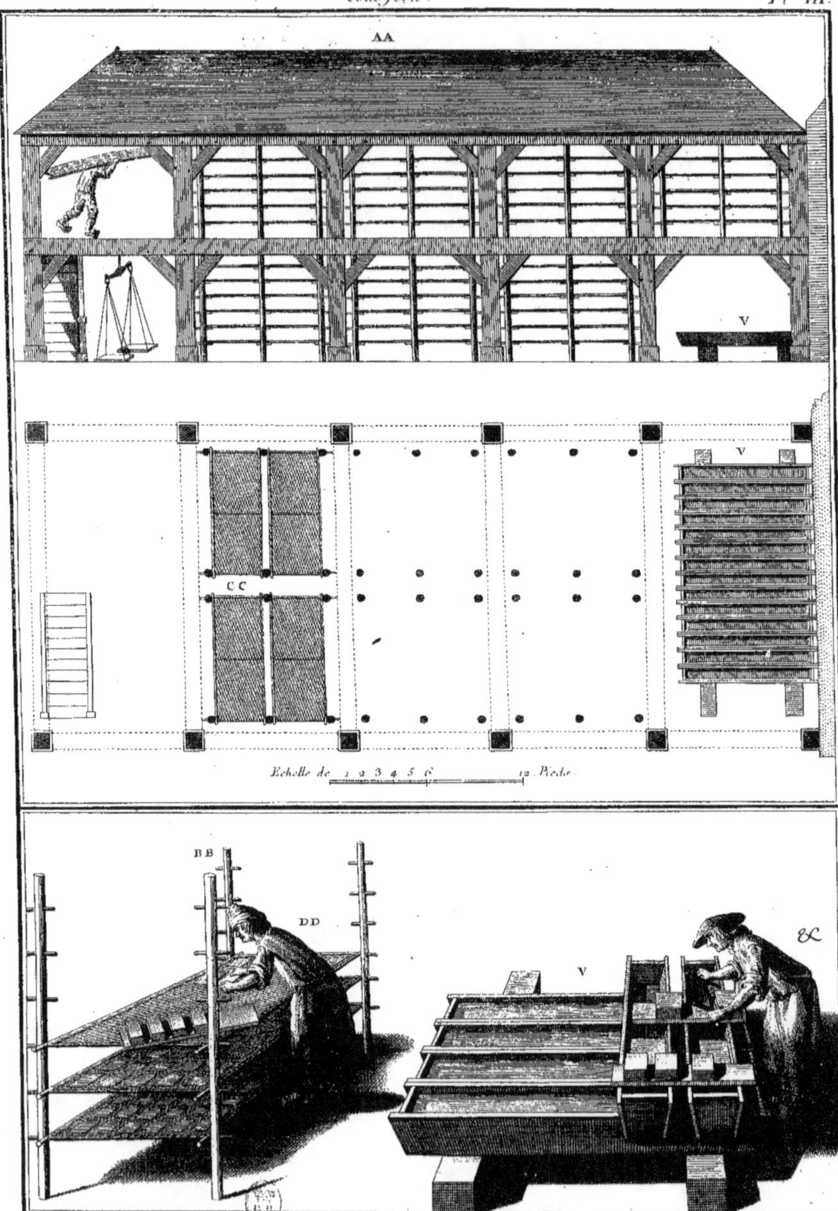

Dessiné et Gravé par N. Ransonnette.

www.ingramcontent.com/pod-product-compliance
Lightning Source LLC
Chambersburg PA
CBHW051744050726
47598CB00003B/1323